变速器装调与维护
工作页

主　编　蒋召杰　陈小刚
副主编　陆宏飞　莫小军　刘晓辉
参　编　卢相昆　王　冬　周　艺　伏海军
　　　　韩楚真　顾革生　邓明才

U0191309

机械工业出版社

本教材是以职业教育专业教学标准的先进理念为指导,以实践课题为主线进行编写的。本教材由减速器的装调与维护、差速器的装调与维护2个学习任务组成,每个学习任务均包括8个学习活动,分别为:接受工作任务、制订工作计划;装配图的识读;拆装前的准备工作;拆卸;零部件的检测;装配与调整;填写检验报告、交付使用;工作总结与评价。

本教材可供中等职业学校机械制造技术、机械加工技术、机电技术应用等专业师生使用,也可作为机械行业相关技术人员的岗位培训教材及工程技术人员自学用书。

图书在版编目（CIP）数据

变速器装调与维护工作页/蒋召杰,陈小刚主编. —北京:
机械工业出版社,2018.2（2024.9重印）
ISBN 978-7-111-58802-3

Ⅰ.①变… Ⅱ.①蒋… ②陈… Ⅲ.①变速装置-安装-中等专业学校-教材 ②变速装置-维修-中等专业学校-教材 Ⅳ.①TH132.46

中国版本图书馆 CIP 数据核字（2018）第 012026 号

机械工业出版社（北京市百万庄大街 22 号　邮政编码 100037）
策划编辑：王华庆　　　　　　责任编辑：王华庆
责任校对：王明欣　刘　岚　封面设计：路恩中
责任印制：单爱军
北京虎彩文化传播有限公司印刷
2024 年 9 月第 1 版第 5 次印刷
184mm×260mm·5.75 印张·134 千字
标准书号：ISBN 978-7-111-58802-3
定价：22.00 元

凡购本书,如有缺页、倒页、脱页,由本社发行部调换
电话服务　　　　　　　　　　网络服务
服务咨询热线：010-88379833　机 工 官 网：www.cmpbook.com
读者购书热线：010-88379649　机 工 官 博：weibo.com/cmp1952
　　　　　　　　　　　　　　　金 书 网：www.golden-book.com
封面无防伪标均为盗版　　　　教育服务网：www.cmpedu.com

前　言

当前，我国正在加快转变经济发展方式、推进经济结构调整以及大力发展高端制造业等，都迫切需要培养一大批具有精湛技能和高超技艺的技能人才。为了切实提高技能人才培养质量，进一步发挥技工院校在技能人才培养中的基础作用，在借鉴国内外职业教育先进经验的基础上，我国在17个省（区、市）的30所技工院校启动了一体化课程教学改革试点工作，推进以职业活动为导向，以校企合作为基础，以综合职业能力培养为核心，理论教学与技能操作融会贯通的一体化课程教学改革。

教学改革的成果最终要以教材为载体进行体现和传播。本教材即是教学改革的成果之一。本教材打破传统教材的知识体系，基于任务整合相关知识点和技能点，根据"工作任务由简单到复杂，能力培养由单一到综合"的原则设计任务内容，采用工作页的形式，让学生直观、全面地认识变速器的装调与维护知识，力求贯彻少而精的原则，体现实用性、先进性和实践性。

本教材分为减速器的装调与维护、差速器的装调与维护两个学习任务，每个学习任务均由接受工作任务、制订工作计划，装配图的识读，拆装前的准备工作，拆卸，零部件的检测，装配与调整，填写检验报告、交付使用，工作总结与评价8个学习活动组成，能够让学生在"做中学，学中做"，增强学生对所学知识的理解和运用能力。

本教材由蒋召杰、陈小刚任主编，陆宏飞、莫小军、刘晓辉任副主编，卢相昆、王冬、周艺、伏海军、韩楚真、顾革生、邓明才参加编写。

由于编者水平有限，书中不足之处在所难免，恳请广大读者批评指正。

编　者

目　录

前　言

学习任务一　减速器的装调与维护 ·· 1

学习活动一　接受工作任务、制订工作计划 ·· 8

学习活动二　减速器装配图的识读 ··· 12

学习活动三　减速器拆装前的准备工作 ··· 19

学习活动四　减速器的拆卸 ·· 24

学习活动五　减速器零部件的检测 ··· 28

学习活动六　减速器的装配与调整 ··· 32

学习活动七　填写检验报告、交付使用 ··· 37

学习活动八　工作总结与评价 ··· 41

学习任务二　差速器的装调与维护 ·· 44

学习活动一　接受工作任务、制订工作计划 ·· 52

学习活动二　差速器装配图的识读 ··· 56

学习活动三　差速器拆装前的准备工作 ··· 63

学习活动四　差速器的拆卸 ·· 67

学习活动五　差速器零部件的检测 ··· 71

学习活动六　差速器的装配与调整 ··· 75

学习活动七　填写检验报告、交付使用 ··· 80

学习活动八　工作总结与评价 ··· 84

减速器的装调与维护

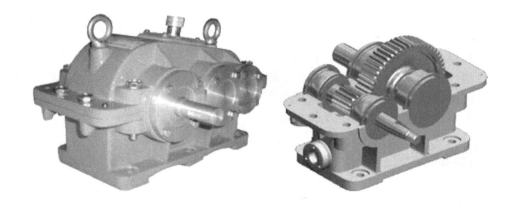

学习目标

（1）能接受工作任务，明确任务要求，写出小组成员、工作地点、工作对象、工作时间，服从工作安排。

（2）能识读、分析传动系统图，说出传动路线和传动链，写出传动链表达式。

（3）能识读装配图，利用装配图的识读方法正确描述零部件之间的运动关系和装配关系。

（4）能查阅机械产品的装配图等工艺文件，获取有效信息。

（5）能列出工具、量具、清洗剂等清单，根据清单，按照企业工具和量具等的管理规定领取、保管、保养、归还工具和量具等。

（6）能正确安放安全标志，做好场地安全防护措施，穿戴好劳动保护用品。

（7）能分析机械产品的装配图样，小组讨论后写出拆卸顺序。

（8）能通过小组协作按照拆卸顺序和工艺要求完成零部件的拆卸。

（9）拆卸过程中对各零部件能按照工艺要求清理杂物，去除毛刺，清洗污垢，定址、定点规范放置各零部件，防止零部件变形、遗失等情况发生。

（10）能通过目测或使用量具，正确检验易损件，判断并更换失效的零部件。

（11）能根据装配工艺要求写出装配顺序，完成装配，采用测量法、压铅法、涂色法等进行间隙检查和调整，检验部件或机构的功能。

（12）自检合格后填写任务单，并提交质检人员检验。

（13）能严格遵守起吊、搬运、用电、消防等安全规程要求。

（14）能清理场地，归置物品，并按照环保规定处置废油液。

（15）能写出完成此项任务的工作小结。

工作流程与活动

学习活动一：接受工作任务、制订工作计划。

学习活动二：减速器装配图的识读。

学习活动三：减速器拆装前的准备工作。

学习活动四：减速器的拆卸。

学习活动五：减速器零部件的检测。

学习活动六：减速器的装配与调整。

学习活动七：填写检验报告、交付使用。

学习活动八：工作总结与评价。

学习任务描述

学生在接受工作任务后，做好准备工作，包括查阅减速器的装配图等工艺文件，准备工具、量具、清洗剂、安全标志，并做好安全防护措施；通过分析减速器的装配图样，确定拆卸顺序，完成零部件的拆卸，并在拆卸过程中清理、清洗、规范放置各零部件；使用合理的检测方法正确检验易损件，判断并更换失效的零部件；根据装配工艺要求完成装配工作；检验部件或机构的功能，自检合格后填写任务单，并提交质检人员检验；在工作过程中严格遵守起吊、搬运、用电、消防等安全规程要求，工作完成后按照现场管理规范清理场地、归置物品，并按照环保规定处置废油液等废弃物。

序号	学习活动	评 价 内 容					权重
		活动成果（40%）	参与度（10%）	安全生产（20%）	劳动纪律（20%）	工作效率（10%）	
1	接受工作任务、制订工作计划	工作计划	活动记录	工作记录	教学日志	完成时间	5%
2	减速器装配图的识读	技术要求	活动记录	工作记录	教学日志	完成时间	20%
3	减速器拆装前的准备工作	工艺步骤	活动记录	工作记录	教学日志	完成时间	10%
4	减速器的拆卸	零件	活动记录	工作记录	教学日志	完成时间	15%
5	减速器零部件的检测	项目与数据	活动记录	工作记录	教学日志	完成时间	15%
6	减速器的装配与调整	减速器	活动记录	工作记录	教学日志	完成时间	20%
7	填写检验报告、交付使用	报告单	活动记录	工作记录	教学日志	完成时间	10%
8	工作总结与评价	总结	活动记录	工作记录	教学日志	完成时间	5%
总计							100%

备注：

 **生产派工单**

生 产 派 工 单

单号：_____ 开单部门：_____ 开单人：_____

开单时间：____年___月___日___时___分 接单人：_____部_____小组_____（签名）

以下由开单人填写			
产品名称		完成工时	工时
产品技术要求			

以下由接单人和确认方填写				
领取材料（含消耗品）		成本核算	金额合计： 仓管员（签名） 年 月 日	
领用工具				
操作者检测			（签名） 年 月 日	
班组检测			（签名） 年 月 日	
质检员检测			（签名） 年 月 日	
生产数量统计	合格			
	不良			
	返修			
	报废			

相关知识

减速器小知识

一、减速器的作用

减速器是一种利用速度转换器（如齿轮机构），将电动机的转速降到所要的转速，从而得到较大转矩的动力传动机构。目前在用于传递动力与运动的机构中，减速器的应用范围相当广泛。从交通工具中的船舶、汽车、轨道列车，建筑用的重型机具，机械工业所用的生产设备，到日常生活中常见的家电、钟表等，都可以见到它的踪迹。此外，从大动力的传输，到小负荷、精确的角度传输，都可以见到减速器的应用。减速器具有减速及增加转矩的功能，因此广泛应用在速度与转矩的转换设备中。减速器的作用主要有：

（1）降速的同时提高输出转矩。输出的转矩按电动机输出转矩乘以减速比计算，但要注意不能超出减速器的额定转矩。

（2）减速的同时降低负载的转动惯量。负载的转动惯量与减速比的二次方有关。一般电动机都有一个转动惯量。

二、减速器的工作原理

减速器一般用于低转速大转矩的传动设备。它把电动机、内燃机或其他高速运转的设备的动力通过输入轴上齿数少的齿轮啮合输出轴上齿数多的齿轮来达到减速的目的。减速器中大小齿轮的齿数之比就是减速比（传动比的一种）。

减速器的常见类型有圆柱齿轮减速器、锥齿轮减速器和蜗杆减速器，如图1-1所示。在此着重介绍圆柱齿轮减速器。

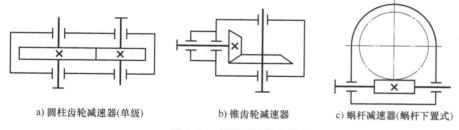

a) 圆柱齿轮减速器(单级)　　　b) 锥齿轮减速器　　　c) 蜗杆减速器(蜗杆下置式)

图1-1　减速器的常见类型

圆柱齿轮减速器按齿轮传动级数可分为单级、两级和多级。蜗杆减速器又可分为蜗杆上置式和蜗杆下置式。两级和多级圆柱齿轮减速器的传动布置形式有展开式、分流式和同轴式三种，如图1-2所示。展开式圆柱齿轮减速器用于载荷平稳的场合，分流式圆柱齿轮减速器用于变载荷的场合，同轴式圆柱齿轮减速器用于原动机与工作机同轴的特殊工作场合。

圆柱齿轮减速器的结构随其类型和要求的不同而异，一般由齿轮、轴、轴承、箱体和附件等组成。图1-3所示为单级圆柱齿轮减速器的结构。

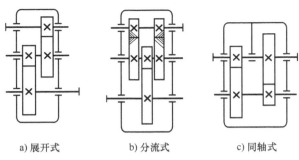

a) 展开式   b) 分流式   c) 同轴式

图1-2　圆柱齿轮减速器传动布置形式

图1-3 所示箱体为剖分式结构，由箱盖和箱座组成，剖分面通过齿轮轴线平面。箱体应有足够的强度和刚度，除适当的壁厚外，在轴承座孔处设有加强肋以增加支承刚度。

三、减速器箱体的加工工艺

一般先将箱盖与箱座的剖分面加工平整，合拢后用螺栓联接并以定位销定位，找正后加工轴承孔。对于支承同一轴的轴承孔，应一次将其镗出。装配时，不允许在剖分面上用垫片，否则将不能保证轴承孔的圆度误差在允许范围内。

箱盖与箱座用一组螺栓联接。为保证轴承孔的刚度，轴承座安装螺栓处做出凸台，并使轴承座孔两侧的联接螺栓尽量靠近轴承座孔。安装螺栓的凸台处应留有扳手空间。

为便于箱盖与箱座的加工及安装定位，在剖分面的长度方向两端各有一个定位圆锥销。

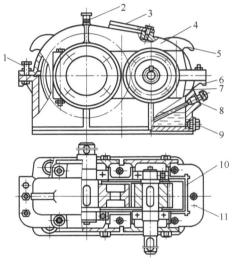

图1-3　单级圆柱齿轮减速器的结构（1）
1—启盖螺钉　2—通气器　3—窥视孔盖　4—箱盖
5—吊耳　6—吊钩　7—箱座　8—油标尺
9—油塞　10—油沟　11—定位圆锥销

箱盖上设有窥视孔，以便观察齿轮或蜗杆与蜗轮的啮合情况。窥视孔盖上装有通气器，用于使箱体内外气压平衡，否则易造成漏油。为便于拆卸箱盖，其上装有启盖螺钉。为拆卸方便，箱盖上设有吊耳或吊环螺钉。为搬运整台减速器，在箱座上铸有吊钩。

箱座上设有油标尺，用于检查箱内油池的油位。最低处设有放油油塞，以便排净污油和清洗箱体内腔底部。箱座与基座用地脚螺栓联接，地脚螺栓孔端制成沉孔，并留出扳手空间。

四、减速器的装配技术要求

1. 滚动轴承的安装

安装滚动轴承时，应使轴承内圈紧贴轴肩，要求缝隙不得通过 0.05mm 厚的塞尺。

2. 轴承轴向游隙

对于游隙不可调整的轴承（如深沟球轴承），要求其轴向游隙为 0.25～0.4mm。

3. 齿轮（或蜗轮）啮合的齿侧间隙

可用塞尺或压铅法测量齿侧间隙。压铅法为：将铅丝放在齿槽上，然后转动齿轮压扁铅丝，两齿侧被压扁铅丝的厚度之和即为齿侧间隙。要求该间隙值为 0.02~0.05mm。

4. 齿面接触斑点

齿面接触斑点应达到总量的 70%。

5. 对装配前零件的要求

（1）减速器滚动轴承用汽油清洗，其他零件用煤油清洗。所有零件和箱体内不许有任何杂质存在。箱体内壁和齿轮（或蜗轮）等未加工表面先后涂两次不会被润滑油侵蚀的耐油漆，箱体外表面先后涂底漆和颜色油漆（按主机要求配色）。

（2）零件配合面洗净后涂润滑油。

（3）齿侧间隙用铅丝检验，不应小于 0.16mm，铅丝直径不得大于最小侧隙的 4 倍。

（4）用涂色法检验接触斑点。按齿高，接触斑点不应少于总量的 40%；按齿长，接触斑点不应少于总量的 50%。必要时可用研磨或刮后研磨的方式改善接触情况。

（5）调整轴承轴向间隙：ϕ40mm 轴承的轴向间隙为 0.05~0.1mm，ϕ55mm 轴承的轴向间隙为 0.08~0.15mm。

（6）检验减速器剖分面、各接触面及密封处，均不许漏油。剖分面允许涂以密封油漆或水玻璃，不允许使用任何填料。

（7）机座内装 L-AN100 润滑油（全损耗系统用油）至规定高度。零件配合面洗净后涂润滑油。

6. 密封要求

（1）减速器箱体剖分面之间不允许填任何垫片，但可以涂密封胶或水玻璃以保证密封。

（2）装配时，在拧紧箱体螺栓前，应使用 0.05mm 的塞尺检查箱盖和箱座接合面之间的密封性。

（3）轴伸端密封处应涂润滑脂。各密封装置应严格按要求安装。

7. 润滑要求

（1）合理确定润滑油和润滑脂的类型和牌号。

（2）轴承采用润滑脂润滑时，润滑脂的填充量一般为可加润滑脂空间的 1/2~2/3。

（3）应定期更换润滑油。新减速器第一次使用时，运转 7~14 天后换润滑油，以后可以根据情况每隔 3~6 个月换一次润滑油。

五、试验要求

（1）空载运转。在额定转速下正、反运转 1~2h。

（2）负荷试验。在额定转速、额定负荷下运转，至油温平衡为止。对于齿轮减速器，要求油池温升不超过 35℃，轴承温升不超过 40℃；对于蜗杆减速器，要求油池温升不超过 60℃，轴承温升不超过 50℃。

（3）全部试验过程中，要求运转平稳，噪声小，连接固定处不松动，各密封接合处不松动。

六、包装和运输要求

（1）外伸轴及其附件应涂防锈油包装。

（2）搬运、起吊时不得使用吊环螺钉或吊耳。

以上技术要求不一定全部列出，有时还需另增项目，主要由设计的具体要求而定。

学习活动一 接受工作任务、制订工作计划

学习目标

- 能接受工作任务，明确任务要求
- 能制订工作计划
- 能遵守操作安全规程
- 能按要求穿戴劳动保护用品

学习过程

一、学习准备

减速器使用说明书、任务书。

二、引导问题

（1）减速器有哪些用途？举例说出常见的减速器类型。

_____

_____

_____

_____

_____

_____

_____

_____

_____

_____

_____

_____

_____

（2）图1-4所示单级圆柱齿轮减速器主要由哪些部件组成？请指出它们的具体位置并说出它们的作用。

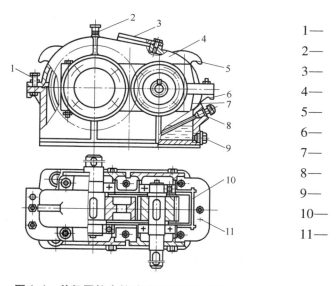

1——
2——
3——
4——
5——
6——
7——
8——
9——
10——
11——

图1-4　单级圆柱齿轮减速器的结构（2）

（3）请以小组为单位进行讨论，研究制订出最终的工作方案。

（4）分组学习各项操作规程和规章制度，并摘录"6S"管理的具体要求。

（5）根据小组成员特点完成下表。

小组成员名单	成 员 特 点	小组中的分工	备　注

小提示

小组学习记录需有记录人、主持人、小组成员、日期、内容等要素。

学习活动过程评价表

班级		姓名		学号		日期		年　月　日	
评价内容（满分100分）			学生自评	同学互评	教师评价	总评			
专业技能（60分）	工作页完成进度（30分）					A □ （86~100分） B □ （76~85分） C □ （60~75分） D □ （60分以下）			
	对理论知识的掌握程度（10分）								
	对理论知识的应用能力（10分）								
	改进能力（10分）								
综合素养（40分）	遵守现场操作的职业规范（10分）								
	信息获取的途径（10分）								
	按时完成学习和工作任务（10分）								
	团队合作精神（10分）								
总分									
综合得分 （学生自评10%、同学互评10%、教师评价80%）									
小结建议									

现场测试考核评价表

班级		姓名		学号		日期		年 月 日		
序号	评价要点				配分		得分	总评		
1	能正确识读并填写生产派工单，明确工作任务				10分					
2	能查阅资料，熟悉齿轮减速器的组成和结构				10分			A □ （86~100分）		
3	能根据工作要求，对小组成员进行合理分工				10分			B □ （76~85分）		
4	能列出齿轮减速器拆装和调试所需的工具、量具清单				10分			C □ （60~75分）		
5	能制订齿轮减速器装调与维护工作计划				20分			D □ （60分以下）		
6	能遵守劳动纪律，以积极的态度接受工作任务				10分					
7	能积极参与小组讨论，团队间相互合作				20分					
8	能及时完成老师布置的任务				10分					
总分					100分					
小结建议										

学习活动二　减速器装配图的识读

学习目标

- 能识读减速器装配图中的零件
- 能写出减速器装配的具体要求
- 能通过说明书及网络等渠道获取减速器的规格型号、结构、性能等有效信息
- 能写出齿轮传动的基本原理
- 能认知轴承的型号、规格和用途

学习过程

一、学习准备

齿轮减速器使用说明书、可上网的计算机。

二、引导问题

（1）你从齿轮减速器的装配图中了解到了哪些内容？

_____

_____

_____

_____

_____

_____

_____

（2）写出齿轮减速器装配精度的具体要求。

_____

_____

_____

_____

_____

_____

_____

_____

（3）通过说明书及网络等渠道获取齿轮减速器的规格型号、结构、性能等有效信息。

（4）查阅资料，写出轴承的规格型号和用途。

（5）什么是齿轮的传动比？

（6）绘制齿轮减速器输入轴零件图。

（7）绘制输出轴装配图。

（8）轴系结构（见图1-5）分析（选择填空题）。

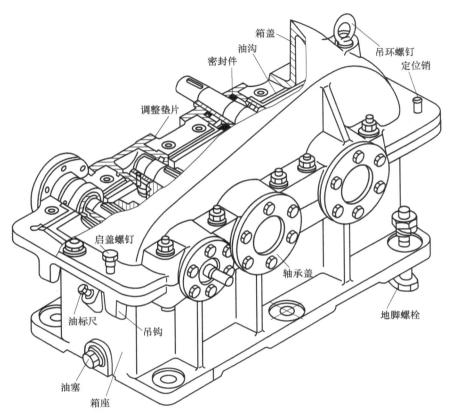

图1-5 多级圆柱齿轮减速器的结构

① 分析对象为_____（高速、中速、低速）轴系。

② 齿轮在轴上的轴向定位是由_____（轴肩、轴套、端盖、挡圈）实现的，周向定位是由_____（销、键、过盈配合、紧定螺钉）实现的。

③ 轴承在轴上的轴向定位是由_____（轴肩、轴套、端盖、挡圈）实现的，周向定位是由_____（销、键、过盈配合、紧定螺钉）实现的。

④ 轴系在箱体上的定位是由_____（轴承座孔、端盖、螺钉）实现的。

⑤ 需要进行间隙调整的是_____（轴向间隙、径向间隙），调整方法是_____（调整螺母、调整螺钉、增减调整垫片）。需调整的原因是使其_____（转动灵活、齿轮啮合好、保持适当的间隙）。

⑥ 轴肩长度比齿轮轮毂宽度_____（大、小），才能使齿轮轴向定位。

⑦ 轴肩高度应比轴承内圈外径_____（大、小、相等），以便对轴承进行拆装。

⑧ 轴承端盖与轴承外圈接触处的厚度不能太_____（大、小），否则将与_____（箱体、轴承）相碰擦。

⑨ 轴承端盖孔与轴外径之间应留有足够的_____（轴向间隙、径向间隙），以避免两者碰擦，而此处的泄漏问题由_____（密封装置、回油装置、防尘装置）避免。

学习活动过程评价表

班级		姓名		学号		日期	年 月 日		

评价内容（满分100分）		学生自评	同学互评	教师评价	总评
专业技能 （60分）	工作页完成进度（30分）				A □ （86～100分） B □ （76～85分） C □ （60～75分） D □ （60分以下）
	对理论知识的掌握程度（10分）				
	对理论知识的应用能力（10分）				
	改进能力（10分）				
综合素养 （40分）	遵守现场操作的职业规范（10分）				
	信息获取的途径（10分）				
	按时完成学习和工作任务（10分）				
	团队合作精神（10分）				
总分					

综合得分 （学生自评10%、同学互评10%、教师评价80%）	

小结建议	

现场测试考核评价表

班级		姓名		学号		日期		年　月　日
序号	评价要点			配分	得分		总评	
1	能明确工作任务			10 分				
2	能画出规范的齿轮减速器输入轴零件图			10 分			A □（86~100 分）	
3	能设计出正确的齿轮减速器零件图			20 分			B □（76~85 分）	
4	能正确找到齿轮减速器装配图上的零件			10 分			C □（60~75 分）	
5	能根据齿轮减速器装配图标注零件名称			20 分			D □（60 分以下）	
6	能正确分析出图样所表达的技术要求			10 分				
7	能积极参与小组讨论，团队间相互合作			10 分				
8	能及时完成老师布置的任务			10 分				
总分				100 分				
小结建议								

学习活动三　减速器拆装前的准备工作

学习目标

- 能遵守减速器拆装的操作规程
- 能写出减速器拆装前的准备工作内容
- 能认知拆装工作中所需的工具、量具，能说出其名称、种类、用途、使用方法等

学习过程

一、学习准备

齿轮减速器使用说明书，拆装工具、量具及设备，工作场地、学材。

二、引导问题

（1）齿轮减速器拆装前准备工作的内容有哪些？

_____

_____

_____

_____

_____

_____

（2）指出下列工具的名称。

_____　_____　_____

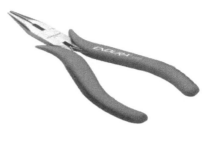

_____

_____

_____

_____

_____

_____

_____

_____

_____

_____

_____

_____

_____

（3）以上工具中哪些为常用工具，哪些为专用工具？

_____

（4）列出所需要的工具和量具。

序　号	名　　称	规　格	精　　度	数　量	用　途
1					
2					
3					
4					
5					
6					
7					
8					
9					
10					
11					

学习活动过程评价表

班级			姓名		学号		日期		年　月　日	
评价内容（满分100分）					学生自评	同学互评	教师评价	总评		
专业技能 （60分）		工作页完成进度（30分）						A □ （86～100分） B □ （76～85分） C □ （60～75分） D □ （60分以下）		
		对理论知识的掌握程度（10分）								
		对理论知识的应用能力（10分）								
		改进能力（10分）								
综合素养 （40分）		遵守现场操作的职业规范（10分）								
		信息获取的途径（10分）								
		按时完成学习和工作任务（10分）								
		团队合作精神（10分）								
总分										
综合得分 （学生自评10%、同学互评10%、教师评价80%）										
小结建议										

现场测试考核评价表

班级		姓名		学号		日期		年　月　日
序号	评价要点			配分	得分		总评	
1	能正确填写齿轮减速器拆装工具清单			20 分				
2	能正确填写齿轮减速器拆装工具名称			20 分			A □ （86-100 分）	
3	能正确填写齿轮减速器拆装工具的用途			20 分				
4	能按要求穿戴好相应的劳动保护用品			10 分			B □ （76 ~ 85 分）	
5	能按照"6S"管理要求清理场地			10 分			C □ （60 ~ 75 分）	
6	能遵守劳动纪律，以积极的态度接受工作任务			5 分			D □ （60 分以下）	
7	能积极参与小组讨论，团队间相互合作			10 分				
8	能及时完成老师布置的任务			5 分				
总分				100 分				
小结建议								

学习活动四 减速器的拆卸

学习目标

- 能根据减速器的结构特点确定拆卸顺序
- 能选择正确的方法对减速器进行拆卸
- 能正确使用量具、工具
- 能按照 "6S" 管理规范实施作业

学习过程

一、学习准备

齿轮减速器说明书，拆卸工具、量具、备件及设备。

二、引导问题

（1）箱体接合面用什么方法密封？

_____

_____

_____

_____

_____

_____

（2）齿轮减速器箱体上有哪些附件？各起什么作用？分别安排在什么位置？

_____

_____

_____

_____

_____

_____

_____

_____

（3）如何考虑扳手空间？如何确定扳手空间的位置？

（4）写出齿轮减速器的拆卸顺序。

（5）齿轮减速器拆卸的方法有哪些？

（6）简述齿轮减速器轴承拆卸的注意事项。

26 | 变速器装调与维护工作页

学习活动过程评价表

班级			姓名		学号		日期		年　月　日		
评价内容（满分100分）					学生自评	同学互评	教师评价	总评			
专业技能 （60分）		工作页完成进度（30分）						A □ （86~100分） B □ （76~85分） C □ （60~75分） D □ （60分以下）			
		对理论知识的掌握程度（10分）									
		对理论知识的应用能力（10分）									
		改进能力（10分）									
综合素养 （40分）		遵守现场操作的职业规范（10分）									
		信息获取的途径（10分）									
		按时完成学习和工作任务（10分）									
		团队合作精神（10分）									
总分											
综合得分 （学生自评10%、同学互评10%、教师评价80%）											
小结建议											

现场测试考核评价表

班级		姓名		学号		日期		年 月 日
序号	评价要点			配分	得分		总评	
1	能正确填写齿轮减速器拆卸工具清单			15 分				
2	能正确填写齿轮减速器拆卸工序步骤			15 分				
3	能正确填写齿轮减速器拆卸技术要求			15 分				
4	能对齿轮减速器进行拆卸			15 分			A □ （86-100 分）	
5	能按要求对齿轮减速器进行清洗			10 分			B □ （76~85 分）	
6	能按照"6S"管理要求清理场地			10 分			C □ （60~75 分）	
7	能遵守劳动纪律，以积极的态度接受工作任务			5 分			D □ （60 分以下）	
8	能积极参与小组讨论，团队间相互合作			10 分				
9	能及时完成老师布置的任务			5 分				
总分				100 分				
小结建议								

学习活动五 减速器零部件的检测

学习目标

- 能正确测绘易损件并绘制图样
- 能通过目测或使用量具正确检验易损件，更换失效零部件
- 能按照"6S"管理规范实施作业

学习过程

一、学习准备

查阅齿轮减速器说明书，准备检测量具及设备、备件、学材等。

二、引导问题

（1）齿轮减速器的主要参数。

减速器名称					
齿数及旋向	z_1		齿轮中心距	a_1	
				a_2	
				a_3	
	z_2		减速器中心高	H	
	z_3		减速器外廓尺寸	长×宽×高	
	z_4		地脚螺栓孔距	长×宽	
传动比	i_1		轴承代号及数量		
	i_2				
	i_3				
润滑方式	齿轮		齿轮副侧隙		
	轴承				
密封方式	有相对运动的部位				
	无相对运动的部位				
模数	m	高速级			
		低速级			
锥齿轮的分锥角			$\delta_1 =$		$\delta_2 =$

（2）测绘损坏的零件（齿轮、轴系、端盖等）。

学习活动过程评价表

班级		姓名		学号		日期		年　月　日	
评价内容（满分 100 分）				学生自评	同学互评	教师评价		总评	
专业技能 （60 分）	工作页完成进度（30 分）							A □　（86～100 分） B □　（76～85 分） C □　（60～75 分） D □　（60 分以下）	
	对理论知识的掌握程度（10 分）								
	对理论知识的应用能力（10 分）								
	改进能力（10 分）								
综合素养 （40 分）	遵守现场操作的职业规范（10 分）								
	信息获取的途径（10 分）								
	按时完成学习和工作任务（10 分）								
	团队合作精神（10 分）								
总分									
综合得分 （学生自评 10%、同学互评 10%、教师评价 80%）									
小结建议									

现场测试考核评价表

班级		姓名		学号		日期		年 月 日
序号	评价要点			配分	得分		总评	
1	能正确、合理地选用检测用具			15 分				
2	能规范使用检具进行检测			15 分				
3	能准确无误地读出检测数据			15 分				
4	能对检测数据进行分析处理			15 分			A □ （86～100 分）	
5	能对检具进行维护保养			10 分			B □ （76～85 分）	
6	能按照"6S"管理要求清理场地			10 分			C □ （60～75 分）	
7	能遵守劳动纪律，以积极的态度接受工作任务			5 分			D □ （60 分以下）	
8	能积极参与小组讨论，团队间相互合作			10 分				
9	能及时完成老师布置的任务			5 分				
总分				100 分				

小结建议

学习活动六　减速器的装配与调整

学习目标

- 能正确描述减速器零部件之间的装配关系
- 能正确使用量具、工具，按技术要求正确装配减速器
- 能正确调整轴承间隙
- 能正确调整齿轮间隙
- 能按标准对减速器进行试运行
- 能按照"6S"管理规范实施作业

学习过程

一、学习准备

齿轮减速器说明书，装配调试所用的工具、量具及设备、备件、学材等。

二、引导问题

（1）什么叫作装配？

_____

_____

_____

_____

_____

（2）常用的装配方法有哪些？

_____

_____

_____

_____

_____

（3）什么是装配工艺规程？

_____

_____

_____

_____

_____

_____

_____

（4）绘制输出轴的装配单元系统图。

（5）轴承的固定方式有哪些？

（6）什么叫作轴承的游隙？如何调整轴承游隙？

（7）试述深沟球轴承、角接触球轴承、推力球轴承的装配要点。

（8）简述齿轮间隙的调整方法和技术要求。

学习活动过程评价表

班级		姓名		学号		日期		年 月 日	
评价内容（满分100分）				学生自评	同学互评	教师评价		总评	
专业技能 （60分）	工作页完成进度（30分）								
	对理论知识的掌握程度（10分）							A □（86～100分） B □（76～85分） C □（60～75分） D □（60分以下）	
	对理论知识的应用能力（10分）								
	改进能力（10分）								
综合素养 （40分）	遵守现场操作的职业规范（10分）								
	信息获取的途径（10分）								
	按时完成学习和工作任务（10分）								
	团队合作精神（10分）								
总分									
综合得分 （学生自评10%、同学互评10%、教师评价80%）									
小结建议									

现场测试考核评价表

班级		姓名		学号		日期		年　月　日
序号		评价要点		配分	得分		总评	
1		能正确填写齿轮减速器的装配工艺		15 分				
2		能按要求完成齿轮减速器的装配工作		15 分				
3		能按要求完成齿轮减速器的调试工作		15 分				
4		能绘制齿轮减速器装配单元系统图		15 分			A □ （86~100 分）	
5		能编制齿轮减速器装配工艺卡		10 分			B □ （76~85 分）	
6		能按照 "6S" 管理要求清理场地		10 分			C □ （60~75 分）	
7		能遵守劳动纪律，以积极的态度接受工作任务		5 分			D □ （60 分以下）	
8		能积极参与小组讨论，团队间相互合作		10 分				
9		能及时完成老师布置的任务		5 分				
总分				100 分				

小结建议	

学习活动七　填写检验报告、交付使用

学习目标

- 能正确编写减速器装配的工艺技术规程
- 能进行分组讨论，记录讨论结果

学习过程

一、学习准备

检验报告书、计算机，以及检验数据的整理、验收单。

二、引导问题

（1）设计一份齿轮减速器的检验报告书。

（2）编写齿轮减速器装配的工艺技术规程。

学习活动过程评价表

班级		姓名		学号		日期		年　月　日	
评价内容（满分100分）				学生自评	同学互评	教师评价	总评		
专业技能（60分）	工作页完成进度（30分）						A □ （86~100分） B □ （76~85分） C □ （60~75分） D □ （60分以下）		
	对理论知识的掌握程度（10分）								
	对理论知识的应用能力（10分）								
	改进能力（10分）								
综合素养（40分）	遵守现场操作的职业规范（10分）								
	信息获取的途径（10分）								
	按时完成学习和工作任务（10分）								
	团队合作精神（10分）								
总分									
综合得分 （学生自评10%、同学互评10%、教师评价80%）									
小结建议									

现场测试考核评价表

班级		姓名		学号		日期		年　月　日
序号	评价要点			配分	得分		总评	
1	能正确填写设备调试验收单			15 分				
2	能说出项目验收的要求			15 分				
3	能说出项目验收的目的			15 分			A □（86~100 分）	
4	能对齿轮减速器进行调试与精度验收			15 分			B □（76~85 分）	
5	能按企业工作制度请操作人员验收并交付使用			10 分			C □（60~75 分）	
6	能按照"6S"管理要求清理场地			10 分			D □（60 分以下）	
7	能遵守劳动纪律，以积极的态度接受工作任务			5 分				
8	能积极参与小组讨论，团队间相互合作			10 分				
9	能及时完成老师布置的任务			5 分				
总分				100 分				

小结建议	

学习活动八　工作总结与评价

学习目标

- 能按分组情况，分别派代表展示工作成果，说明本次任务的完成情况，并做分析总结
- 能结合自身任务完成情况，正确且规范地撰写工作总结（心得体会）
- 能就本次任务中出现的问题，提出改进措施
- 能对学习与工作进行反思总结，并能与他人开展良好的合作，进行有效的沟通

学习过程

一、展示评价（个人、小组评价）

每个人先在小组里进行经验交流与成果展示，再由小组推荐代表做必要的介绍。在交流的过程中，以小组为单位进行评价；评价完成后，根据其他小组成员对本小组设备安装调试的评价意见进行归纳总结。完成如下项目：

（1）交流的结论是否符合生产实际？

符合□　　　　　基本符合□　　　　　不符合□

（2）与其他小组相比，本小组设计的安装调试工艺如何？

工艺优化□　　　　工艺合理□　　　　　工艺一般□

（3）本小组介绍经验时表达是否清晰？

很好□　　　　　一般，常需补充□　　　　不清楚□

（4）本小组演示时，安装调试是否符合操作规程？

符合□　　　　　部分符合□　　　　　不符合□

（5）本小组演示操作时遵循了"6S"管理的工作要求吗？

符合工作要求□　　忽略了部分要求□　　完全没有遵循□

（6）本小组成员的团队创新精神如何？

良好□　　　　　一般□　　　　　不足□

二、自评总结（心得体会）

_____

_____

_____

_____

_____

_____

三、教师评价

（1）找出各小组的优点进行点评。

_____

_____

_____

_____

_____

（2）对展示过程中各小组的缺点进行点评，提出改进方法。

_____

_____

_____

_____

_____

（3）对整个任务完成中出现的亮点和不足进行点评。

_____

_____

_____

_____

_____

_____

_____

_____

_____

_____

总体评价表

项目	自我评价			小组评价			教师评价		
	10～9	8～6	5～1	10～9	8～6	5～1	10～9	8～6	5～1
	占总评10%			占总评30%			占总评60%		
学习活动一									
学习活动二									
学习活动三									
学习活动四									
学习活动五									
学习活动六									
学习活动七									
学习活动八									
协作精神									
纪律观念									
表达能力									
工作态度									
安全意识									
任务总体表现									
小计									
总评									

班级：　　　姓名：　　　学号：

差速器的装调与维护

学习目标

（1）能接受工作任务，明确任务要求，写出小组成员、工作地点、工作对象、工作时间，服从工作安排。

（2）能识读、分析传动系统图，计算出传动比。

（3）能识读装配图，利用装配图的识读方法正确描述零部件之间的运动关系和装配关系。

（4）能查阅机械产品的装配图等工艺文件，获取有效信息。

（5）能列出工具、量具、清洗剂等清单，根据清单，按照企业工具和量具等管理规定领取、保管、保养、归还工具和量具等。

（6）能正确安放安全标志，做好场地安全防护措施，穿戴好劳动保护用品。

（7）能分析机械产品的装配图样，小组讨论后写出拆卸顺序。

（8）能通过小组协作按照拆卸顺序和工艺要求完成零部件的拆卸。

（9）拆卸过程中对各零部件能按照工艺要求清理杂物，去除毛刺，清洗污垢，定址、定点规范放置各零部件，防止零部件变形、遗失等情况发生。

（10）能通过目测或使用量具，正确检验易损件，判断并更换失效的零部件。

（11）能根据装配工艺要求写出装配顺序，完成装配，采用测量法、压铅法、涂色法等进行间隙检查和调整，检验部件或机构的功能。

（12）自检合格后填写任务单，并提交质检人员检验。

（13）能严格遵守起吊、搬运、用电、消防等安全规程要求。

（14）能清理场地，归置物品，并按照环保规定处置废油液。

（15）能写出完成此项任务的工作小结。

工作流程与活动

学习活动一：接受工作任务、制订工作计划。
学习活动二：差速器装配图的识读。
学习活动三：差速器拆装前的准备工作。
学习活动四：差速器的拆卸。
学习活动五：差速器零部件的检测。
学习活动六：差速器的装配与调整。
学习活动七：填写检验报告、交付使用。
学习活动八：工作总结与评价。

学习任务描述

学生在接受工作任务后，做好准备工作，包括查阅差速器总成的装配图等工艺文件，准备工具、量具、清洗剂、安全标志，并做好安全防护措施；通过分析差速器总成的装配图样，确定拆卸顺序，完成零部件的拆卸，并在拆卸过程中清理、清洗、规范放置各零部件，使用合理的检测方法正确检验易损件，判断并更换失效的零部件；根据装配工艺要求完成装配工作；检验部件或机构的功能，自检合格后填写任务单，并提交质检人员检验。在工作过程中严格遵守起吊、搬运、用电、消防等安全规程要求，工作完成后按照现场管理规范清理场地、归置物品，并按照环保规定处置废油液等废弃物。

序号	学习活动	评价内容					权重
		活动成果 （40%）	参与度 （10%）	安全生产 （20%）	劳动纪律 （20%）	工作效率 （10%）	
1	接受工作任务、制订工作计划	工作计划	活动记录	工作记录	教学日志	完成时间	5%
2	差速器装配图的识读	技术要求	活动记录	工作记录	教学日志	完成时间	20%
3	差速器拆装前的准备工作	工艺步骤	活动记录	工作记录	教学日志	完成时间	10%
4	差速器的拆卸	零件	活动记录	工作记录	教学日志	完成时间	15%
5	差速器零部件的检测	项目与数据	活动记录	工作记录	教学日志	完成时间	15%
6	差速器的装配与调整	差速器	活动记录	工作记录	教学日志	完成时间	20%
7	填写检验报告、交付使用	报告单	活动记录	工作记录	教学日志	完成时间	10%
8	工作总结与评价	总结	活动记录	工作记录	教学日志	完成时间	5%
总计							100%

备注：

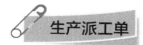 生产派工单

<table>
<tr><td colspan="6" style="text-align:center">生 产 派 工 单</td></tr>
<tr><td colspan="6">单号：_____ 开单部门：_____ 开单人：_____</td></tr>
<tr><td colspan="6">开单时间：_____年____月___日___时___分 接单人：_____部_____小组_____（签名）</td></tr>
<tr><td colspan="6" style="text-align:center">以下由开单人填写</td></tr>
<tr><td>产品名称</td><td></td><td colspan="2">完成工时</td><td colspan="2">工时</td></tr>
<tr><td>产品技术
要求</td><td colspan="5"></td></tr>
<tr><td colspan="6" style="text-align:center">以下由接单人和确认方填写</td></tr>
<tr><td>领取材料
（含消耗品）</td><td colspan="4"></td><td rowspan="2">成
本
核
算</td></tr>
<tr><td>领用工具</td><td colspan="3"></td><td>金额合计：

仓管员（签名）

年 月 日</td></tr>
<tr><td>操作者
检 测</td><td colspan="4"></td><td>（签名）

年 月 日</td></tr>
<tr><td>班 组
检 测</td><td colspan="4"></td><td>（签名）

年 月 日</td></tr>
<tr><td>质检员
检 测</td><td colspan="4"></td><td>（签名）

年 月 日</td></tr>
<tr><td rowspan="4">生产数量
统 计</td><td>合格</td><td colspan="4"></td></tr>
<tr><td>不良</td><td colspan="4"></td></tr>
<tr><td>返修</td><td colspan="4"></td></tr>
<tr><td>报废</td><td colspan="4"></td></tr>
</table>

 相关知识

差速器小知识

一、差速器的类型、结构与作用

1. 差速器的分类

（1）差速器按用途可分为轮间差速器（装在驱动桥内）和轴间差速器（装在各个驱动桥之间）。

（2）差速器按工作特性可分为普通差速器和防滑差速器。

2. 普通差速器的结构

普通差速器由行星齿轮、行星架、半轴齿轮（太阳轮）等零件组成。汽车差速器的结构如图 2-1 所示。发动机的动力经传动轴传入差速器，驱动行星架，再由行星齿轮带动左、右两条半轴，分别驱动左、右车轮。

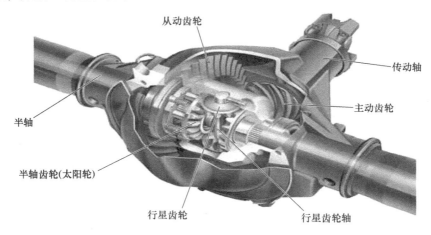

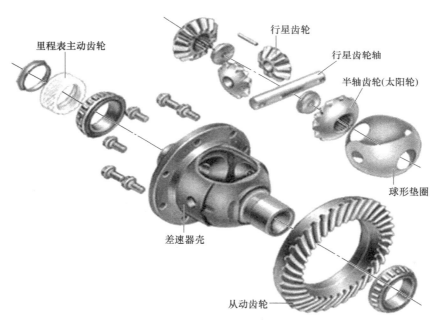

图 2-1　汽车差速器的结构（1）

3. 汽车差速器的作用

车轮旋转的速度是不同的，尤其是转弯时，每个车轮行驶的距离不同，内侧车轮比外侧车轮行驶的距离短。由于速度等于行驶的路程除以通过这段路程所花费的时间，因此行进路程较短的车轮行驶的速度就较低。此外，前轮与后轮的行驶距离也会不同。

对于汽车上的非驱动轮（后轮驱动汽车的前轮或前轮驱动汽车的后轮）来说，这并不是问题。因为在前轮和后轮之间没有连接，所以它们独立旋转。但是驱动轮是被连接到一起的，以便单个发动机和变速器可以同时使两个车轮转动。如果汽车没有差速器，车轮必须锁止在一起，以便以相同的速度旋转，这样将不便于汽车转弯。为了使汽车能够顺利转弯，一个轮胎必须滑动。对于现代轮胎和混凝土路面，轮胎需要很大的动力才会滑动。此动力必须由轴从一个车轮传输到另一个车轮，这会在轴组件上形成很大的压力。为解决此问题，人们发明了差速器。总的来说，汽车差速器具有以下作用：

（1）使左右车轮能以不同的转速进行纯滚动转向或直线行驶。该功能被称为差速特性（即 N 特性）。

（2）把主减速器传来的转矩平分给两个半轴，使两侧车轮驱动力尽量相等。该功能被称为转矩等分特性（即 M 特性）。

二、差速器的工作原理

差速器主要由两个半轴齿轮（太阳轮，通过半轴与车轮相连）、一个从动齿轮（与传动轴相连的齿轮啮合）、两个行星齿轮（行星架与从动齿轮连接）组成。传动轴传过来的动力通过主动齿轮传递到从动齿轮，从动齿轮带动行星齿轮一起旋转，同时带动半轴齿轮转动，从而推动驱动轮前进。

如图 2-2a 所示，车辆直线行驶时，左右两个驱动轮受到的阻力一样，行星齿轮不自转，

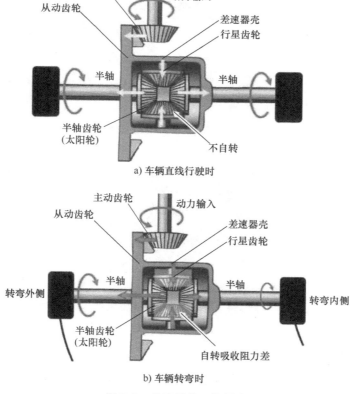

a) 车辆直线行驶时

b) 车辆转弯时

图 2-2　差速器的工作原理

把动力传递到两个半轴上，这时左右两个驱动轮转速一样（相当于刚性连接）。如图 2-2b 所示，当车辆转弯时，左右两个驱动轮受到的阻力不一样，行星齿轮绕着半轴转动并且同时自转，从而吸收阻力差，使左右两个驱动轮能够以不同的速度旋转，保证汽车顺利转弯。

三、差速器的应用

差速器除了起差速作用外，还有传递动力、减速、改变动力转矩方向的功能。在一些重型货车和越野车的差速器系统中，还设置有差速锁止装置，在车轮打滑时取消差速作用，使左右车轮刚性地连为一体，消除打滑，以便通过一些恶劣的道路。汽车上差速器的安装位置如图 2-3 和图 2-4 所示。

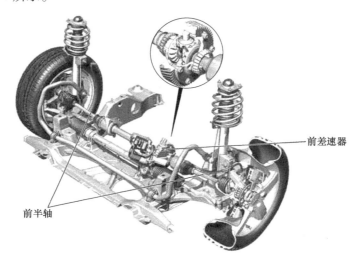

前差速器

前半轴

图 2-3　差速器的安装位置

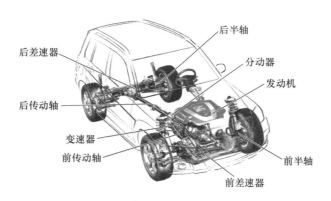

后半轴

后差速器

分动器

发动机

后传动轴

变速器

前传动轴

前半轴

前差速器

图 2-4　前后差速器的安装位置

四、差速器的装配技术要求

1. 滚动轴承的安装

安装滚动轴承时，应使轴承内圈紧贴轴肩，要求缝隙不得通过 0.05mm 厚的塞尺。

2. 轴承轴向游隙

对于游隙不可调整的轴承（如深沟球轴承），要求其轴向游隙为 0.25 ~ 0.4mm。

3. 齿轮（或蜗轮）啮合的齿侧间隙

可用塞尺或压铅法测量齿侧间隙。压铅法为：将铅丝放在齿槽上，然后转动齿轮压扁铅丝，两齿侧被压扁铅丝的厚度之和即为齿侧间隙。要求该间隙值为 0.02 ~ 0.05mm。

4. 齿面接触斑点

齿面接触斑点应达到总量的 85%。

5. 对装配前零件的要求

（1）差速器滚动轴承用汽油或专用清洗剂进行清洗，其他零件用煤油清洗。所有零件和箱体内不许有任何杂质存在。壳体外表面先后涂底漆和颜色油漆（按主机要求配色）。

（2）零件所有配合面洗净后涂润滑油。

（3）用涂色法检验接触斑点。按齿高，接触斑点不应少于总量的 50%；按齿长，接触斑点不应少于总量的 60%。必要时可用研磨或刮后研磨的方法改善接触情况。

（4）调整轴承轴向间隙：ϕ40mm 轴承的轴向间隙为 0.02 ~ 0.05mm，ϕ55mm 轴承的轴向间隙为 0.04 ~ 0.08mm。

（5）装配好的差速器间隙应符合要求，接触斑点位置及大小正确，运转平稳顺畅。

6. 润滑要求

（1）合理确定润滑油和润滑脂的类型、牌号。

（2）轴承采用润滑脂润滑时，润滑脂的填充量一般为可加润滑脂空间的 1/2 ~ 2/3。

五、试验要求

（1）空载运转。在额定转速下正、反运转 1 ~ 2h。

（2）负荷试验。在额定转速、额定负荷下运转，至油温平衡为止。要求油池温升不超过 40℃，轴承温升不超过 45℃。

（3）全部试验过程中，要求运转平稳，噪声小，连接固定处不松动，各密封接合处不松动。

六、包装和运输要求

（1）包装前应涂满防锈油。

（2）用塑料膜进行单个密封包裹。

（3）用纸箱或木箱按规定单个打包。

（4）搬、运、起吊时注意安全，防止掉落磕碰。

（5）具有足够的强度、刚度与稳定性。

（6）包装材料应符合经济、安全的要求。

（7）包装重量、尺寸、标志、形式等应符合国家标准，以便于搬运与装卸。

（8）能减轻工人劳动强度，使操作安全便利。

（9）符合环保要求。

（10）运输包装器具应遵循的基本原则：标准化、系列化原则；集装化、大型化原则；多元化、专业化原则；科学化原则；生态化原则等。

学习活动一 接受工作任务、制订工作计划

 学习目标

- 能接受工作任务，明确任务要求
- 能制订工作计划
- 能遵守操作安全规程
- 能按要求穿戴劳动保护用品

 学习过程

一、学习准备

差速器使用说明书、任务书。

二、引导问题

（1）差速器有哪些用途？举例说出日常所见到的差速器。

_____

_____

_____

（2）图 2-5 所示汽车差速器主要由哪些部件组成？指出它们的具体位置和作用。

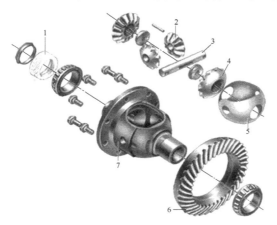

1—
2—
3—
4—
5—
6—
7—

图2-5 汽车差速器的结构（2）

（3）请以小组为单位进行讨论，研究制订出最终的工作方案。

_____

_____

_____

_____

_____

_____

_____

_____

_____

_____

（4）分组学习各项操作规程和规章制度，并摘录"6S"管理的具体要求。

_____

_____

_____

_____

_____

_____

_____

_____

_____

_____

_____

_____

_____

（5）根据小组成员特点完成下表。

小组成员名单	成 员 特 点	小组中的分工	备　注

小提示

小组学习记录需有记录人、主持人、小组成员、日期、内容等要素。

学习活动过程评价表

班级			姓名		学号		日期		年　月　日	

评价内容（满分100分）		学生自评	同学互评	教师评价	总评
专业技能 （60分）	工作页完成进度（30分）				A □　（86～100分） B □　（76～85分） C □　（60～75分） D □　（60分以下）
	对理论知识的掌握程度（10分）				
	对理论知识的应用能力（10分）				
	改进能力（10分）				
综合素养 （40分）	遵守现场操作的职业规范（10分）				
	信息获取的途径（10分）				
	按时完成学习和工作任务（10分）				
	团队合作精神（10分）				
总分					
综合得分 （学生自评10%、同学互评10%、教师评价80%）					
小结建议					

现场测试考核评价表

班级		姓名		学号		日期		年 月 日
序号	评价要点				配分	得分		总评
1	能正确识读并填写生产派工单,明确工作任务				10分			
2	能查阅资料,熟悉汽车差速器的组成和结构				10分			A □ （86~100分）
3	能根据工作要求,对小组成员进行合理分工				10分			B □ （76~85分）
4	能列出汽车差速器拆装和调试所需的工具、量具清单				10分			C □ （60~75分）
5	能制订汽车差速器装调与维护工作计划				20分			D □ （60分以下）
6	能遵守劳动纪律,以积极的态度接受工作任务				10分			
7	能积极参与小组讨论,团队间相互合作				20分			
8	能及时完成老师布置的任务				10分			
总分					100分			

小结建议	

学习活动二　差速器装配图的识读

学习目标

- 能识读差速器装配图中的零件
- 能写出差速器装配的具体要求
- 能通过说明书及网络等渠道获取差速器的规格型号、结构、性能等有效信息
- 能写出齿轮传动的基本原理
- 能认知轴承的型号、规格和用途

学习过程

一、学习准备

汽车差速器使用说明书、可上网的计算机。

二、引导问题

（1）你从汽车差速器的装配图中了解到了哪些内容？

_____

_____

_____

_____

_____

（2）写出汽车差速器装配精度的具体要求。

_____

_____

_____

_____

_____

_____

_____

（3）通过说明书及网络等渠道获取汽车差速器的规格型号、结构、性能等有效信息。

（4）查阅资料，写出齿轮模数的含义及模数对齿轮参数的影响。

（5）齿轮热处理的方法有哪些？它们都有什么特点？

（6）绘制汽车差速器输入轴零件图。

（7）绘制轮系结构简图并计算传动比。

（8）轴系结构（见图2-6）分析（选择填空题）。

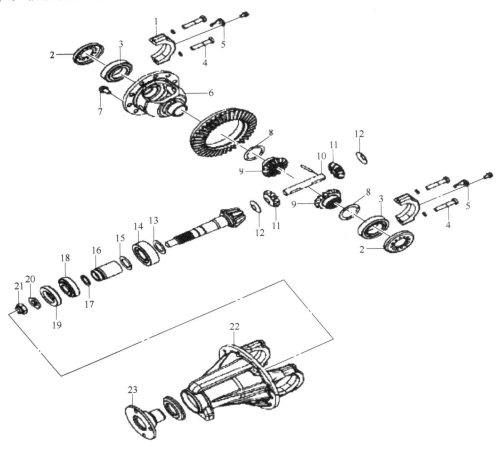

图2-6　上汽通用五菱宏光差速器分解图

1—轴承盖　2—调整螺母　3、14、18—轴承　4—螺栓 M10×50　5—止动块　6—差速器壳　7—螺栓
8、13、15、17—调整垫片　9—半轴齿轮　10—圆柱销　11—行星齿轮　12—球面垫片　16—隔套
19—油封　20—垫圈　21—主动锥齿轮锁紧螺母　22—轴承座　23—连接法兰总成

① 分析对象为_____（高速、中速、低速）轴系。

② 法兰在壳体上的轴向定位是由_____（轴肩、轴套、端盖、挡圈）实现的。

③ 差速器壳体的材料一般是_____（铸铁、碳钢、塑料）。齿轮的材料一般为_____（铸铁、碳钢、塑料）。

④ 需要进行间隙调整的地方有_____（法兰、输入轴、差速器输出轴），调整方法是_____（调整螺母、调整螺钉、增减调整垫片），需调整的原因是使其_____（转动灵活、齿轮啮合好、保持适当的间隙）。

⑤ 轴承宽度比轴承座宽度_____（大、小），才能使轴承转动灵活。

⑥ 轴承外圈与轴承座孔配合应采用_____（基轴制、基孔制），轴承内孔与轴配合应采用_____（基轴制、基孔制）。

⑦ 差速器齿轮啮合间隙、啮合位置、接触面积一般采用_____（塞尺、铅

丝、卡尺、红丹粉）进行检验，啮合间隙应为_____（0.02～0.05mm、0.05～0.10mm），啮合位置应该在_____（旋出端、旋入端、中间），接触面积应不小于齿面积的_____（80%、85%、90%）。

⑧ 轴承端盖孔与轴之间应留有足够的_____（轴向间隙、径向间隙）。

学习活动过程评价表

班级		姓名		学号		日期		年　月　日	
评价内容（满分100分）				学生自评	同学互评	教师评价	总评		
专业技能 （60分）	工作页完成进度（30分）						A □ （86～100分） B □ （76～85分） C □ （60～75分） D □ （60分以下）		
	对理论知识的掌握程度（10分）								
	对理论知识的应用能力（10分）								
	改进能力（10分）								
综合素养 （40分）	遵守现场操作的职业规范（10分）								
	信息获取的途径（10分）								
	按时完成学习和工作任务（10分）								
	团队合作精神（10分）								
总分									
综合得分 （学生自评10%、同学互评10%、教师评价80%）									
小结建议									

现场测试考核评价表

班级		姓名		学号		日期		年　月　日	
序号	评价要点			配分	得分	总评			
1	能明确工作任务			10 分					
2	能画出规范的汽车差速器输入轴零件图			10 分					
3	能设计出正确的汽车差速器零件图			20 分		A □ （86 ~ 100 分）			
4	能正确找到汽车差速器装配图上的零件			10 分		B □ （76 ~ 85 分）			
5	能根据汽车差速器装配图标注零件名称			20 分		C □ （60 ~ 75 分）			
6	能明确了解图样所表达的技术要求			10 分		D □ （60 分以下）			
7	能积极参与小组讨论，团队间相互合作			10 分					
8	能及时完成老师布置的任务			10 分					
总分				100 分					

小结建议	

学习活动三　差速器拆装前的准备工作

学习目标

- 能遵守拆装的操作规程
- 能写出差速器拆装前的准备工作内容
- 能认知拆装工作中所需的工具、量具，能说出其名称、种类、用途、使用方法等

学习过程

一、学习准备

汽车差速器总成使用说明书，拆装工具、量具及设备，工作场地、学材。

二、引导问题

（1）汽车差速器拆装前准备工作的内容。

_____

_____

_____

_____

（2）指出下列工具的名称。

_____　_____　_____

（3）以上工具中哪些为常用工具，哪些为专用工具？

_____

_____

（4）列出你所需要的工具和量具。

序　号	名　称	规　格	精　度	数　量	用　途
1					
2					
3					
4					
5					
6					
7					
8					
9					
10					
11					
12					
13					
14					

学习活动过程评价表

班级			姓名			学号		日期		年　月　日	
评价内容（满分100分）						学生自评	同学互评	教师评价	总评		
专业技能（60分）	工作页完成进度（30分）								A □ （86~100分）B □ （76~85分）C □ （60~75分）D □ （60分以下）		
	对理论知识的掌握程度（10分）										
	对理论知识的应用能力（10分）										
	改进能力（10分）										
综合素养（40分）	遵守现场操作的职业规范（10分）										
	信息获取的途径（10分）										
	按时完成学习和工作任务（10分）										
	团队合作精神（10分）										
总分											
综合得分（学生自评10%、同学互评10%、教师评价80%）											
小结建议											

现场测试考核评价表

班级		姓名		学号		日期		年　月　日
序号	评价要点			配分	得分		总评	
1	能正确填写汽车差速器拆装工具清单			20分				
2	能正确填写汽车差速器拆装工具名称			20分				
3	能正确填写汽车差速器拆装工具的用途			20分		A □（86~100分）		
4	能按规定穿戴好相应的劳动保护用品			10分		B □（76~85分）		
5	能按照"6S"管理要求清理场地			10分		C □（60~75分）		
6	能遵守劳动纪律，以积极的态度接受工作任务			5分		D □（60分以下）		
7	能积极参与小组讨论，团队间相互合作			10分				
8	能及时完成老师布置的任务			5分				
总分				100分				

小结建议	

学习活动四　差速器的拆卸

学习目标

- 能根据差速器的结构特点确定拆卸顺序
- 能选择正确的方法对差速器进行拆卸
- 能正确使用量具、工具
- 能按照"6S"管理规范实施作业

学习过程

一、学习准备

汽车差速器说明书，拆卸工具、量具、备件及设备。

二、引导问题

（1）螺母、螺栓的防松方法有哪些？

_____

_____

_____

_____

（2）齿轮、轴承的损坏形式有哪些？损坏原因是什么？

_____

_____

_____

_____

_____

_____

_____

_____

_____

（3）写出所用工具的正确使用方法。

_____
_____
_____
_____

（4）写出汽车差速器的拆卸顺序。

_____
_____
_____
_____

（5）汽车差速器轴承拆卸的方法有哪些？

_____
_____
_____

（6）简述汽车差速器轴承拆卸的注意事项。

_____
_____
_____
_____
_____
_____
_____
_____
_____
_____
_____
_____
_____

学习活动过程评价表

班级		姓名		学号		日期		年　月　日	
评价内容（满分100分）				学生自评	同学互评	教师评价	总评		
专业技能 （60分）	工作页完成进度（30分）						A □ （86~100分） B □ （76~85分） C □ （60~75分） D □ （60分以下）		
	对理论知识的掌握程度（10分）								
	对理论知识的应用能力（10分）								
	改进能力（10分）								
综合素养 （40分）	遵守现场操作的职业规范（10分）								
	信息获取的途径（10分）								
	按时完成学习和工作任务（10分）								
	团队合作精神（10分）								
总分									
综合得分 （学生自评10%、同学互评10%、教师评价80%）									
小结建议									

现场测试考核评价表

班级		姓名		学号		日期		年 月 日
序号	评价要点				配分	得分		总评
1	能正确填写汽车差速器拆卸工具清单				15 分			
2	能正确填写汽车差速器拆卸工序步骤				15 分			
3	能正确填写汽车差速器拆卸技术要求				15 分			A □ （86 ~ 100 分）
4	能正确、熟练运用拆卸工具				15 分			B □ （76 ~ 85 分）
5	能按要求完成汽车差速器拆卸任务				10 分			C □ （60 ~ 75 分）
6	能按照"6S"管理要求清理场地				10 分			D □ （60 分以下）
7	能遵守劳动纪律，以积极的态度接受工作任务				5 分			
8	能积极参与小组讨论，团队间相互合作				10 分			
9	能及时完成老师布置的任务				5 分			
总分					100 分			

小结建议	

学习活动五　差速器零部件的检测

学习目标

- 能正确测绘易损件并绘制图样
- 能通过目测或使用量具正确检验易损件，更换失效的零部件
- 能按照"6S"管理规范实施作业

学习过程

一、学习准备

查阅汽车差速器说明书，准备检测量具及设备、备件、学材等。

二、引导问题

（1）汽车差速器的主要参数。

	项目	齿数	模数	锥角	压力角
齿轮参数	主动齿轮				
	从动齿轮				
	行星齿轮				
传动比	i				
润滑方式					
密封方式	输入轴与壳体				
	壳体与车桥				
轴承	型号				
	代号				
轴承盖螺钉	规格	螺距	旋向	有效长度	强度级别

（2）测绘损坏的零件（从动齿轮）。

学习活动过程评价表

班级			姓名		学号		日期		年　月　日	
评价内容（满分100分）					学生自评	同学互评	教师评价		总评	
专业技能 （60分）		工作页完成进度（30分）								
		对理论知识的掌握程度（10分）								
		对理论知识的应用能力（10分）							A □ （86～100分） B □ （76～85分） C □ （60～75分） D □ （60分以下）	
		改进能力（10分）								
综合素养 （40分）		遵守现场操作的职业规范（10分）								
		信息获取的途径（10分）								
		按时完成学习和工作任务（10分）								
		团队合作精神（10分）								
总分										
综合得分 （学生自评10%、同学互评10%、教师评价80%）										
小结建议										

现场测试考核评价表

班级		姓名		学号		日期	年　月　日	
序号	评价要点			配分	得分	总评		
1	能正确、合理地选用检测用具			15 分				
2	能规范使用检具进行检测			15 分				
3	能准确无误地读出检测数据			15 分				
4	能对检测数据进行分析处理			15 分		A □　（86~100 分）		
5	能对检具进行维护保养			10 分		B □　（76~85 分）		
6	能按照"6S"管理要求清理场地			10 分		C □　（60~75 分）		
7	能遵守劳动纪律，以积极的态度接受工作任务			5 分		D □　（60 分以下）		
8	能积极参与小组讨论，团队间相互合作			10 分				
9	能及时完成老师布置的任务			5 分				
总分				100 分				
小结建议								

学习活动六　差速器的装配与调整

学习目标

- 能正确描述差速器零部件之间的装配关系
- 能正确使用量具、工具，按技术要求正确装配差速器
- 能正确调整轴承间隙
- 能正确调整齿轮间隙
- 能按标准对差速器进行试运行
- 能按照"6S"管理规范实施作业

学习过程

一、学习准备

汽车差速器说明书，装配调试所用的工具、量具及设备、备件、学材等。

二、引导问题

（1）什么是调整装配法？

_____

_____

_____

_____

_____

_____

（2）装配基准制的选择原则有哪些？

_____

_____

_____

_____

_____

_____

（3）常用的齿轮装配方法有哪些？

_____

_____

_____

_____

_____

（4）写出轴的分类及特点。

_____

_____

_____

_____

_____

（5）写出汽车差速器装配精度控制的要点。

_____

_____

_____

_____

_____

（6）试述圆锥滚子轴承的装配要点。

_____

_____

_____

_____

_____

_____

_____

_____

（7）简述汽车差速器的工作原理。

_____
_____
_____
_____
_____
_____

（8）写出汽车差速器装配的工艺过程。

_____
_____
_____
_____
_____
_____
_____
_____
_____
_____
_____
_____
_____
_____
_____
_____
_____
_____
_____
_____
_____

学习活动过程评价表

班级		姓名		学号		日期		年 月 日	
评价内容（满分100分）				学生自评	同学互评	教师评价	总评		
专业技能 （60分）	工作页完成进度（30分）								
	对理论知识的掌握程度（10分）						A □ （86~100分） B □ （76~85分） C □ （60~75分） D □ （60分以下）		
	对理论知识的应用能力（10分）								
	改进能力（10分）								
综合素养 （40分）	遵守现场操作的职业规范（10分）								
	信息获取的途径（10分）								
	按时完成学习和工作任务（10分）								
	团队合作精神（10分）								
总分									
综合得分 （学生自评10%、同学互评10%、教师评价80%）									
小结建议									

现场测试考核评价表

班级		姓名		学号		日期		年　月　日		
序号	评价要点				配分	得分		总评		
1	能正确填写汽车差速器的装配工艺				15分					
2	能按要求完成汽车差速器的装配工作				15分					
3	能按要求完成汽车差速器的调试工作				15分					
4	能绘制汽车差速器装配单元系统图				15分			A □　（86~100分）		
5	能编制汽车差速器装配工艺卡				10分			B □　（76~85分）		
6	能按照"6S"管理要求清理场地				10分			C □　（60~75分）		
7	能遵守劳动纪律，以积极的态度接受工作任务				5分			D □　（60分以下）		
8	能积极参与小组讨论，团队间相互合作				10分					
9	能及时完成老师布置的任务				5分					
总分					100分					

小结建议

学习活动七 | 填写检验报告、交付使用

学习目标

- 能正确编写差速器装配的工艺技术规程
- 能进行分组讨论，记录讨论结果

学习过程

一、学习准备

检验报告书、计算机，以及检验数据的整理、验收单。

二、引导问题

（1）设计一份汽车差速器的检验报告书。

（2）编写汽车差速器装配的工艺技术规程。

学习活动过程评价表

班级			姓名		学号		日期		年　月　日	
评价内容（满分100分）					学生自评	同学互评	教师评价		总评	
专业技能 （60分）		工作页完成进度（30分）							A □　（86~100分） B □　（76~85分） C □　（60~75分） D □　（60分以下）	
		对理论知识的掌握程度（10分）								
		对理论知识的应用能力（10分）								
		改进能力（10分）								
综合素养 （40分）		遵守现场操作的职业规范（10分）								
		信息获取的途径（10分）								
		按时完成学习和工作任务（10分）								
		团队合作精神（10分）								
总分										
综合得分 （学生自评10%、同学互评10%、教师评价80%）										
小结建议										

现场测试考核评价表

班级		姓名		学号		日期		年　月　日
序号	评价要点			配分	得分	总评		
1	能正确填写设备调试验收单			15分				
2	能说出项目验收的要求			15分				
3	能对汽车差速器进行性能测试			15分				
4	能对汽车差速器进行调试与精度验收			15分		A □ （86～100分）		
5	能按企业工作制度请操作人员验收并交付使用			10分		B □ （76～85分）		
6	能按照"6S"管理要求清理场地			10分		C □ （60～75分）		
7	能遵守劳动纪律，以积极的态度接受工作任务			5分		D □ （60分以下）		
8	能积极参与小组讨论，团队间相互合作			10分				
9	能及时完成老师布置的任务			5分				
总分				100分				
小结建议								

学习活动八 工作总结与评价

学习目标

- 能按分组情况，分别派代表展示工作成果，说明本次任务的完成情况，并做分析总结
- 能结合自身任务完成情况，正确且规范地撰写工作总结（心得体会）
- 能就本次任务中出现的问题，提出改进措施
- 能对学习与工作进行反思总结，并能与他人开展良好的合作，进行有效的沟通

学习过程

一、展示评价（个人、小组评价）

每个人先在小组里进行经验交流与成果展示，再由小组推荐代表做必要的介绍。在交流的过程中，以小组为单位进行评价；评价完成后，根据其他小组成员对本小组设备安装调试的评价意见进行归纳总结。完成如下项目：

（1）交流的结论是否符合生产实际？

符合□　　　　基本符合□　　　　不符合□

（2）与其他小组相比，本小组设计的安装调试工艺如何？

工艺优化□　　工艺合理□　　　　工艺一般□

（3）本小组介绍经验时表达是否清晰？

很好□　　　　一般，常需补充□　　不清楚□

（4）本小组演示时，安装调试是否符合操作规程？

符合□　　　　部分符合□　　　　不符合□

（5）本小组演示操作时遵循了"6S"管理的工作要求吗？

符合工作要求□　忽略了部分要求□　完全没有遵循□

（6）本小组成员的团队创新精神如何？

良好□　　　　一般□　　　　　　不足□

二、自评总结（心得体会）

三、教师评价

（1）找出各小组的优点进行点评。

（2）对展示过程中各小组的缺点进行点评，提出改进方法。

（3）对整个任务完成中出现的亮点和不足进行点评。

总体评价表

项目	自我评价			小组评价			教师评价		
	10~9	8~6	5~1	10~9	8~6	5~1	10~9	8~6	5~1
	占总评10%			占总评30%			占总评60%		
学习活动一									
学习活动二									
学习活动三									
学习活动四									
学习活动五									
学习活动六									
学习活动七									
学习活动八									
协作精神									
纪律观念									
表达能力									
工作态度									
安全意识									
任务总体表现									
小计									
总评									

班级：　　　　　　姓名：　　　　　　学号：